中国地质大学(武汉)实验教学系列教材
中国地质大学(武汉)实验教材项目(SJC-202214)资助

非开挖工程学实验指导书

FEIKAIWA GONGCHENGXUE SHIYAN ZHIDAOSHU

方长亮　张　凌　刘天乐　主　编
陆洪智　郑少军　雷　刚　副主编

中国地质大学出版社
ZHONGGUO DIZHI DAXUE CHUBANSHE

图书在版编目(CIP)数据

非开挖工程学实验指导书/方长亮,张凌,刘天乐主编;陆洪智,郑少军,雷刚副主编.—武汉:中国地质大学出版社,2024.2
ISBN 978-7-5625-5785-2

Ⅰ.①非… Ⅱ.①方… ②张… ③刘… ④陆… ⑤郑… ⑥雷… Ⅲ.①地下管道-管道工程-实验-教学参考资料 Ⅳ.①TU990.3-33

中国国家版本馆 CIP 数据核字(2024)第 037192 号

非开挖工程学实验指导书		方长亮 张 凌 刘天乐 主编
责任编辑:杨 念	选题策划:徐蕾蕾	责任校对:张咏梅
出版发行:中国地质大学出版社(武汉市洪山区鲁磨路388号)		邮政编码:430074
电 话:(027)67883511	传 真:(027)67883580	E-mail:cbb@cug.edu.cn
经 销:全国新华书店		http://cugp.cug.edu.cn
开本:787毫米×1092毫米 1/16	字数:77千字	印张:3.5
版次:2024年2月第1版	印次:2024年2月第1次印刷	
印刷:武汉市籍缘印刷厂		
ISBN 978-7-5625-5785-2		定价:16.80元

如有印装质量问题请与印刷厂联系调换

前　言

为了满足教学改革和创新性人才的培养要求,顺应大学专业课程学时缩减的时代背景,编者根据"非开挖工程学"课程的教学需求,结合地质工程专业、勘查技术与工程专业具有很强实践性的特点,编写了本实验指导书。

《非开挖工程学实验指导书》是针对"非开挖工程学"课程的实验教学参考书,书中所涉及实验是课程实践教学的重要组成部分。一方面通过教学内容对应的实验加深学生对课堂教学知识的理解,另一方面通过实验提高学生对科学现象的观察认识水平,提高学生的工程技能和实践动手能力,引导学生建立科学的实验研究思维。

本实验指导书内容上涵盖了"非开挖工程学"课程的5个重点章节,对应实验包括水平定向钻导向测控实验、分级扩孔与拉管实验、水平定向钻泥浆实验、软衬材料固化管道修复实验和管道检测实验,每个实验章节又分别包括了对应内容的多个小实验。每个实验除了有具体的实验原理和设备以及实验步骤的介绍,还有实验报告的简表作为课堂记录的参考,同时有对实验内容扩展加深的思考题引导学生对具体问题做进一步学习研究。

本书的编写和出版得到了中国地质大学(武汉)和中国地质大学(武汉)工程学院,以及中国地质大学(武汉)工程学院勘察与基础工程系相关课程组的高度重视和大力支持。感谢中国地质大学(武汉)对"非开挖工程学"相关自研教学仪器项目的资助。同时,编写过程中参阅了大量的文献资料,在此对这些文献资料的作者表示衷心的感谢。

本实验指导书主要为高等院校地质类工程专业本科生使用,也可供其他相近专业本科生、研究生及工程人员等参考使用。由于编写时间仓促,编者水平有限,书中难免有错漏和不当之处,望各位教师和同学在使用过程中提出宝贵意见和建议。

编者

2023 年 12 月

目 录

实验安排及注意事项 ·· (1)

 一、实验安排 ·· (1)

 二、注意事项 ·· (1)

实验一 水平定向钻导向测控实验 ·· (2)

 一、实验目的 ·· (2)

 二、实验原理 ·· (2)

 三、仪器设备 ·· (8)

 四、实验步骤 ·· (9)

 五、实验记录 ·· (9)

 六、思考题 ·· (11)

实验二 分级扩孔与拉管实验 ·· (12)

 一、实验目的 ··· (13)

 二、实验原理 ··· (13)

 三、仪器设备 ··· (17)

 四、实验步骤 ··· (17)

 五、实验记录 ··· (17)

 六、思考题 ·· (19)

实验三 水平定向钻泥浆实验 ·· (20)

 一、水平定向钻泥浆基本性能参数测量方法 ······································ (21)

 二、实验记录 ··· (30)

 三、思考题 ·· (30)

实验四　软衬材料固化管道修复实验 ……………………………………………… (31)

　　一、引言 …………………………………………………………………………… (31)

　　二、实验目的 ……………………………………………………………………… (33)

　　三、实验原理 ……………………………………………………………………… (33)

　　四、实验仪器及材料 ……………………………………………………………… (34)

　　五、实验步骤 ……………………………………………………………………… (35)

　　六、数据记录 ……………………………………………………………………… (37)

　　七、实验注意事项 ………………………………………………………………… (37)

　　八、思考题 ………………………………………………………………………… (38)

实验五　管道检测实验 ……………………………………………………………… (39)

　　一、实验目的 ……………………………………………………………………… (39)

　　二、实验原理 ……………………………………………………………………… (39)

　　三、仪器设备 ……………………………………………………………………… (44)

　　四、实验步骤 ……………………………………………………………………… (47)

　　五、检测试验报告 ………………………………………………………………… (47)

　　六、思考题 ………………………………………………………………………… (48)

主要参考文献 ………………………………………………………………………… (49)

实验安排及注意事项

一、实验安排

成绩根据现场完成情况和实验报告综合评定,思考题完成比较好的可以加分。实验具体安排见表。

序号	实验名称	学时	备注
1	水平定向钻导向测控实验	1	分组实验;个人单独提交实验报告
2	分级扩孔与拉管实验	2	分组实验;个人单独提交实验报告
3	水平定向钻泥浆实验	2	分组实验;个人单独提交实验报告
4	软衬材料固化管道修复实验	2	分组实验;个人单独提交实验报告
5	管道检测实验	1	分组实验;个人单独提交实验报告

注:1学时为45min。

二、注意事项

(1)分组实验,每组一套实验器材,领用和归还实验器材须登记。

(2)实验按顺序进行,每组实验完成后才能开始下一组实验。

(3)每组实验完成后,务必请助教进行现场验收,并签字。

(4)现场验收与实验报告各占该实验成绩的50%,实验报告在每次实验现场验收后一周内提交。

(5)及时根据课程进度预约实验时间,统一进行实验。

(6)注意仪器使用安全,规范操作。

实验一　水平定向钻导向测控实验

水平定向钻以非开挖铺管水平定向钻机为主要设备,先用小口径钻头,按设计轨迹打出一个引导孔,再用更大口径的扩孔钻头进行多级扩孔,直至达到铺管直径要求,最后以钻机回拉为主,从孔中进行管道铺设。该方法最初是从石油钻井技术引入的,主要用于穿越河流、湖泊和建筑物等障碍物,铺设大直径、长距离的石油和天然气管道。导向测控是水平定向钻铺管过程中钻引导孔这一步骤的重要技术手段。

一、实验目的

掌握主要导向设备(导向仪、电子陀螺仪、倾角计、电子罗盘)的导向原理与应用。

二、实验原理

多数定向钻进技术要依靠准确的钻孔定位和导向系统。目前较常用的导向设备有以下4种。

(一)导向仪

导向仪是导向钻进技术的关键设备之一,它可以随钻测量顶角、方位角、温度、孔深等基本参数,并将这些参数值直观地提供给钻机操作者。其性能是保证铺管施工质量的重要前提。目前,导向仪有手持式、有缆式和无缆式三大类。

1. 手持式导向仪

手持式导向仪主要由3个部分组成:接收机、发射信号的信号棒和同步显示器(图1-1)。一般导向仪的信号棒有多个频率,主机接收也有相应的多个频率。各个施工现场的干扰源存在差异,应选择信号传播最深的频率来使用。

为适应市场的需要,许多公司将仪器的测深能力不断提高,深度由10m以内提高到50m,甚至上百米。另外,测量顶角、工具面角的显示方式从原来的定点显示改为连续显示,顶角的增量改为1‰,这样可以使操作者更加方便、准确地控制钻孔的方向。

2. 有缆式导向仪

随着导向钻进铺管技术应用领域的不断扩大,手持式导向仪受限于信号强度,在许多场

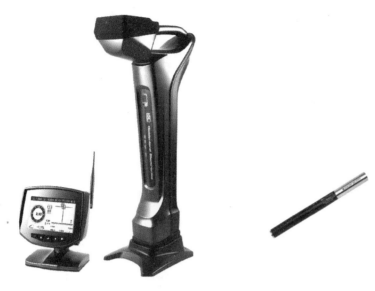

图 1-1　金地指挥官 9 手持式导向仪

合不太能满足使用需求,而有缆式导向仪则能满足相应的需求(图 1-2)。目前有两种有缆式导向仪:一种是类似石油定向钻进使用的有缆式导向仪,它将磁通门和加速度计作为基本测量元件,只是在测量深度、耐湿和耐压等性能参数方面有所简化,价格比石油钻井仪器低。另一种是在手持式导向仪的基础上改进而成的有缆式导向仪,它通过电缆向孔底探头提供电源,增加碳棒信号发射功率,同时用电缆传输顶角和工具面角等基本信息,并通过手持式接收机来测定深度。这种仪器的价格只是石油钻井用仪器的 10%~20%。

图 1-2　有缆式导向仪

3. 电磁通道无缆随钻测量仪

有缆随钻测量系统解决了手持式导向仪存在的一些问题,但这种系统也有一些弱点:电缆传输的信息须通过滑环导出;每接一根钻杆,就需要做一个电缆接头,操作烦琐;电缆的使用是一次性的,电缆接头多使故障概率增高。为了解决这些问题,以电磁波传输信息的无缆随钻测量仪被开发出来。该测量仪测量精度高,测量孔长可达 300m,可用于小口径导向钻孔钻进,并且成本相对较低。该测量仪采用磁通门和加速度计作为钻孔方位角、工具面角与顶角的测量元件。

(二)电子陀螺仪

在孔底动力配合造斜钻具组合进行定向钻进的过程中,孔内钻具需要装配陀螺仪设备来进行定向测斜。陀螺测斜定向仪采用半捷联式结构,将陀螺的定轴性和进动性作为钻孔倾斜方位的定向基准,利用石英挠性重力加速度计和方位器,分别测量顶角和自转角(图1-3)。

图 1-3 电子陀螺仪

陀螺仪主要有以下两项功能。

1. 定向测量

定向测量实质上就是测量工具面角,上部定向框由陀螺稳定了一个参考方位,下部与仪器基座固联,因此可直接利用360°测角器测得仪器机座(即底部导向靴)和参考方位之间的夹角,由此即可测得导向靴的方位,从而进行定向。

2. 偏斜测量

当上部陀螺定向框方位稳定后,下部测角器(它和外壳固联)就可以测得任意时刻的角度与原始方位的关系,再由计算机自适应系统换算到原始方位的坐标上,得到其真正的倾角和方位。

(三)倾角计

倾角计又称倾斜仪、测斜仪、水平仪(图1-4),经常用于测量系统的水平角度变化。水平仪从过去简单的水泡水平仪发展为现在的电子水平仪,是自动化和电子测量技术发展的结果。作为一种检测工具,它已成为桥梁架设、铁路铺设、岩土工程、石油钻井、航空航海、工业自动化、智能平台、机械加工等领域不可缺少的重要测量工具。电子水平仪是一种非常精确的测量小角度的检测工具,可用于测量被测平面相对于水平位置的倾斜度、平行度和垂直度。

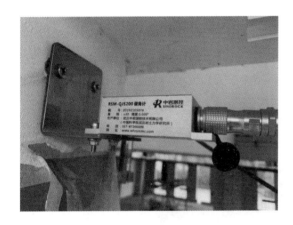

图1-4 倾角计

倾角计的理论基础是牛顿第二定律:根据基本的物理原理,在一个系统内部,速度是无法测量的,但却可以测量其加速度。如果初速度已知,就可以通过积分算出线速度,进而可以计算出直线位移,所以倾角计其实是运用惯性原理的一种加速度传感器。当倾角计静止时也就是侧面和垂直方向没有加速度作用时,那么作用在它上面的只有重力加速度。重力垂直轴与加速度传感器灵敏轴之间的夹角就是倾斜角。一般倾角计应用于静态或准静态状况下的测量,一旦有外界加速度,那么加速度芯片测出来的加速度就包含外界加速度,故而计算出来的角度就不准确了,因此,常用的做法是增加MEMS陀螺仪,并优先采用卡尔曼滤波算法。

倾角计可用于多种应用场景的角度测量。例如,高精度激光仪器调平、工程机械设备调平、远距离测距仪器的调平、高空平台安全保护、定向卫星通信天线的俯仰角测量、船舶航行姿态测量、盾构顶管工程的导向、大坝检测、地质设备倾斜监测、火炮炮管初射角度测量、雷达车辆平台检测、卫星通信车姿态检测等。

(四)电子罗盘

电子罗盘按照有无倾角补偿可以分为平面电子罗盘和三维电子罗盘。平面电子罗盘要求用户在使用时必须保持罗盘水平。虽然平面电子罗盘的使用要求很高,但如果能保证罗盘所附载体始终水平,平面电子罗盘将是一种性价比很高的选择。三维电子罗盘解除了平面电子罗盘在使用中的严格限制,因为三维电子罗盘在其内部加入了倾角传感器,当罗盘发生倾斜时可以对罗盘进行倾斜补偿,这样即使罗盘发生倾斜,航向数据依然准确无误。为了克服温度漂移,电子罗盘也可内置温度补偿,最大限度地减少倾斜角和指向角的温度漂移。随着微电子集成技术以及加工工艺、材料技术的不断发展,电子罗盘的研究制造与运用也达到了前所未有的水平。电子罗盘也可以按照传感器的不同分为磁阻效应传感器、霍尔效应传感器和磁通门传感器。

1. 磁阻效应传感器

磁阻效应传感器是根据磁性材料的磁阻效应制成的。磁性材料(如坡莫合金)具有各向异性,对它进行磁化时,其磁化方向将取决于材料的易磁化轴、材料的形状和磁化磁场的方向。如图1-5所示,当给带状坡莫合金材料通电流 I 时,材料的电阻取决于电流的方向与磁化方向的夹角 θ。

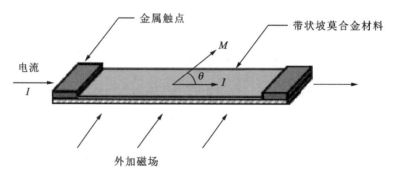

图1-5 磁阻效应

如果给材料施加一个磁场 B(被测磁场),就会使原来的磁化方向转动。如果磁化方向转向垂直于电流的方向,则材料的电阻将减小;如果磁化方向转向平行于电流的方向,则材料的电阻将增大。

磁阻效应传感器一般由4个电阻组成,并将它们接成电桥。在被测磁场 B 作用下,电桥中位于相对位置的两个电阻的阻值增大,另外两个电阻的阻值减小。在其线性范围内,电桥的输出电压与被测磁场强度成正比。磁阻效应传感器现在已经能制作在硅片上,并形成产品(图1-6)。迟滞误差和零点温度漂移还可采用对传感器进行交替正向磁化和反向磁化的方法加以消除。磁阻效应传感器的这些优越性能,使它在某些应用场合能够与磁通门相竞争。

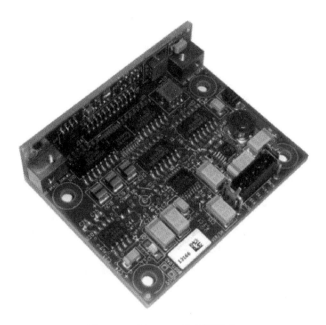

图 1-6 Honeywell 磁阻罗盘

如前所述,在使用前对磁性材料进行磁化,此后如果遇到较强的相反方向的磁场就会对材料的磁化方向产生影响,从而影响传感器的性能。在极端情况下,会使磁化方向翻转 180°。虽然可以利用周期性磁化的方法来避免这种情况的发生,但仍存在问题。对材料进行磁化的磁场必须很强,如果采用外加线圈来产生周期性磁化磁场,就失去了小型化的意义。Honeywell 公司的一项专利,解决了这个问题。他们在硅片上用一个电流带产生磁化磁场,该电流带的阻值只有 5Ω 左右。虽然磁化电流只持续 1~2ms,但电流强度却高达 1~1.5A。但这种方案对驱动电路要求高,而且如果集成到微系统,这样强的脉冲电流将威胁系统中的微处理器等其他电路部件的可靠性。

2. 霍尔效应传感器

霍尔效应传感器的工作原理:如果沿矩形金属薄片的长方向通电流 I,由于载流子受洛伦兹力作用,在垂直于薄片平面的方向施加强磁场 B,则在其横向会产生电压差 ΔU,其大小与电流 I、磁场 B 和材料的霍尔系数 R 成正比,与金属薄片的厚度 d 成反比。100 多年前发现的霍尔效应,由于一般材料的霍尔系数都很小而难以应用,直到半导体问世后,用霍尔效应制作的传感器才真正用于磁场测量。这是因为半导体中的载流子数量少,如果给它通的电流与金属材料相同,那么半导体中载流子的速度就更快,所受到的洛伦兹力就更大,因而霍尔效应的系数也就更大。霍尔效应传感器的优点是体积小、重量轻、功耗小、价格便宜、接口电路简单,特别适用于强磁场的测量。但是,它又有灵敏度低、噪声大、温度性能差等缺点。虽然有些高灵敏度或采取了聚磁措施的霍尔器件也能用于测量地磁场,但一般都是用于要求不高的场合。

3. 磁饱和磁强计

磁饱和法是基于磁调制原理,即利用被测磁场中铁磁材料磁芯在交变磁场的饱和励磁下其磁感应强度与磁场强度的非线性关系来测量弱磁场的一种方法。应用磁饱和法测量磁场的磁强计称为磁饱和磁强计,也称磁通门磁强计或铁磁探针磁强计。

磁饱和法大体可划分为谐波选择法和谐波非选择法两大类。谐波选择法只考虑探头感应电动势的偶次谐波(主要是二次谐波),而滤去其他谐波;谐波非选择法是不经滤波而直接测量探头感应电动势的全部频谱,利用差分可以使磁饱和探头构成磁饱和梯度计,测量非均匀磁场,同时利用梯度计能够消除地磁场的影响并抑制外界的干扰。

磁饱和磁强计在20世纪30年代开始用于地磁测量以来,不断获得发展与改进,现在仍是测量弱磁场的基本仪器之一。磁饱和磁强计分辨率较高,测量弱磁场的范围较宽,并且可靠、简易、价廉、耐用,能够直接测量磁场的分量,同时适合在高速运动系统中使用。因此,它广泛应用于各个领域,如地磁研究、地质勘探、武装侦察、材料无损探伤、空间磁场测量等。该仪器运用于地质或空间定向领域中时,一般叫作磁通门罗盘(图1-7)。近年来,磁饱和磁强计在宇航工程中得到了重要的应用,例如用来控制人造卫星和火箭的姿态,测绘来自太阳的"太阳风"以及带电粒子相互作用的空间磁场、月球磁场、行星磁场和行星际磁场的图形。

图1-7 PNI磁通门罗盘

三、仪器设备

(1)导向仪、卷尺。

(2)电子陀螺仪、预置平面。

(3)气泡倾角计、电子倾角计等。

(4)电子罗盘、预置实验器具。

四、实验步骤

1. 导向仪

了解导向仪工作原理,将探棒置于预置的各个位置上,学生分组操作并读数,填写导向仪实验记录表(表1-1)。

2. 电子陀螺仪

了解陀螺仪工作原理,连接陀螺仪芯片、线缆、显示器,将连接好的陀螺仪置于预制、角度确定的各个平面上,学生分组操作并读数,填写电子陀螺仪实验记录表(表1-2)。

3. 倾角计

了解倾角计工作原理,并通过倾角计将预置实验器具调至水平,填写倾角计实验记录表(表1-3)。

4. 电子罗盘

了解电子罗盘工作原理,连接电子罗盘芯片、线缆、显示器,并按要求测试相关参数,填写电子罗盘实验记录表(表1-4)。

五、实验记录

按要求填写表格(表1-1—表1-4),取至小数点后一位。

表1-1 导向仪试验记录表

工程名称:　　　　　　　　　　试验者:
试验日期:　　　　　　　　　　校核者:

位置编号	方位角/(°)	顶角/(°)	距离/m	备注

表1-2 电子陀螺仪试验记录表

工程名称：　　　　　　　　　　　试验者：
试验日期：　　　　　　　　　　　校核者：

位置编号	倾角/(°)	速度/(m·s^{-1})	加速度/(m·s^{-2})	位置

表1-3 倾角计试验记录表

工程名称：　　　　　　　　　　　试验者：
试验日期：　　　　　　　　　　　校核者：

位置编号	倾角/(°)	水平角度/(°)	相对角度/(°)	备注

表1-4 电子罗盘试验记录表

工程名称：　　　　　　　　　　　试验者：
试验日期：　　　　　　　　　　　校核者：

位置编号	温度/℃	倾角/(°)	方位角/(°)	备注

六、思考题

(1)电子陀螺仪和加速度计的区别与联系是什么？
(2)影响手持式导向仪信号强弱的因素有哪些？
(3)如何测量水平定向钻进中的水平角和顶角？
(4)根据井垂深不同，水平定向钻进中的导向和测量有哪些不同？

实验二　分级扩孔与拉管实验

水平定向钻进工艺一般可分为导向钻进(顶推钻进)、扩孔钻进(回拉为主)、回拖铺管(拉管)。水平定向钻进施工在完成导向孔钻进后,导向孔的直径往往小于回拖管线的直径,需要根据铺设管线的管径及钻机能力,利用扩孔钻头从出口坑开始向起始坑方向,将导向孔扩大至达到回拖管线要求的直径(图2-1)。

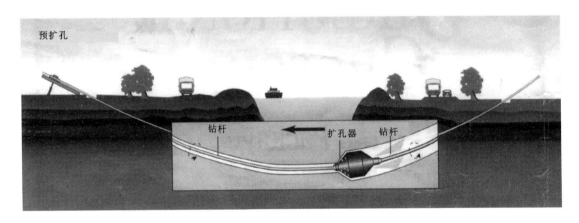

图2-1　水平定向钻扩孔示意图

扩孔的终孔直径通常为所要铺设管道外径的1.2～1.5倍。扩孔的终孔直径过小,则拉管阻力大;终孔直径过大,则扩孔工作量过多,孔壁安全性差。

扩孔钻头也叫扩孔器,根据扩孔原理可分为三大类:挤压式(流道式、盔甲式),适用于松散地层、软土、建筑垃圾;切削式(翼板式、腰带式),适用于中硬土、中风化岩石;滚磕式(牙轮式、滚刀式),适用于岩石及坚硬土层。

扩孔的目的主要是减小铺管时的阻力。对于直径较小的管道可不进行专门的扩孔钻进,可在扩孔的同时将管道拉入。对于直径较大的管道,若孔壁较稳定可进行多级扩孔钻进,钻孔直径逐级增大。在设备能力许可的基础上,通过多级扩孔可达到所需求的口径要求,同时也可达到把弯孔修直的目的,以减少铺管阻力。

拉管是在使用终孔扩孔钻头的情况下,将成品管从入口接续拉入孔中,直至拉到出口,铺设全线管串。在所铺设管道前端安装分动器,实现其前部钻杆带动扩孔钻头回转,而其后部管道不回转。

拉管阻力受限于钻机能力、锚固能力、管具强度、周边安全等。

实验二 分级扩孔与拉管实验

一、实验目的

(1) 掌握多级扩孔的原理。
(2) 了解等径差、等面积、等扭矩、等功率多级扩孔方法的特点。
(3) 掌握扩孔钻头扭矩的求解方法。
(4) 了解拉管阻力的分类与测量。

二、实验原理

(一)多级扩孔

多级扩孔模型如图 2-2 所示。扩孔钻头的直径差(级差)是每级扩孔钻头比上一级扩孔钻头旋扩掉的环形厚度。

多级扩孔钻头的多级直径差取决于各级扩孔的切削厚度,应最优分配钻机能力,即功率和扭矩。

$$\Delta r = r_1 - r_0 \tag{2-1}$$

式中:Δr 为扩孔钻头半径差,单位为 mm;r_1 为正在扩孔的钻头半径,单位为 mm;r_0 为上一级扩孔钻头的半径,单位为 mm。

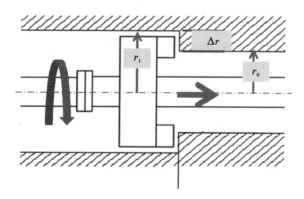

图 2-2 多级扩孔模型

多级扩孔包括等径差、等面积、等扭矩、等功率 4 种形式。
(1) 等径差多级扩孔,即各级扩孔的厚度相同。

$$D_{i+1} - D_i = D_i - D_{i-1} \tag{2-2}$$

式中:D_{i+1} 为下一级扩孔钻头的直径,单位为 mm;D_i 为正在扩孔的钻头直径,单位为 mm;D_{i-1} 为上一级扩孔钻头的直径,单位为 mm。
(2) 等面积多级扩孔,各级扩孔切削的截面积相同。

$$A_{i+1} - A_i = A_i - A_{i-1} \tag{2-3}$$

式中：A_{i+1} 为下一级扩孔钻头的切削面积，单位为 mm^2；A_i 为正在扩孔的钻头切削面积，单位为 mm^2；A_{i-1} 为上一级扩孔钻头的切削面积，单位为 mm^2。

（3）等扭矩多级扩孔，各级扩孔的扭矩相同。

$$M_{i+1} - M_i = M_i - M_{i-1} \qquad (2-4)$$

式中：M_{i+1} 为下一级扩孔钻头的扭矩，单位为 $N·m$；M_i 为正在扩孔的钻头扭矩，单位为 $N·m$；M_{i-1} 为上一级扩孔钻头的扭矩，单位为 $N·m$。

（4）等功率多级扩孔，各级扩孔的功率相同。

$$N_{i+1} - N_i = N_i - N_{i-1} \qquad (2-5)$$

式中：N_{i+1} 为下一级扩孔钻头的功率，单位为 W；N_i 为正在扩孔的钻头功率，单位为 W；N_{i-1} 为上一级扩孔钻头的功率，单位为 W。

（二）求解扩孔钻头扭矩

首先，建立钻头破碎地层的总构模型。它既要符合实物状况，又要可行于数理推导。由于三类扩孔钻头的作用机制及形态各不相同，因而有多种不同的总构模型。在此，列举如图 2-3 所示的一种。

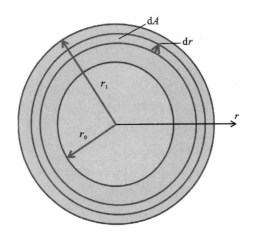

图 2-3　扩孔钻头扭矩求解模型

设：当前钻头直径为 r_1；上一级钻头直径为 r_0；地层强度为 σ；钻头与地层间的摩擦系数（简称摩擦系数）为 f，即可以建立钻头总扭矩 M 的积分式：

$$M = \int_{r_0}^{r_1} r f \sigma \, dA = \int_{r_0}^{r_1} 2\pi r^2 f \sigma \, dr = \int_{r_0}^{r_1} \frac{2}{3} \pi f \sigma (r_1^3 - r_0^3) \qquad (2-6)$$

式中：r 为扩孔钻头半径，单位为 mm；A 为扩孔钻头的切削面积，单位为 mm^2。

式（2-6）表明：当上一级孔径一定时，本级扩孔扭矩是以当前钻头直径的 3 次方关系增大，并与地层强度 σ 和摩擦系数 f 成正比。

再来分析多级径差的合理设计问题。出发点是每级所用的扭矩 M_i 都相等。于是，将式（2-6）变换为

$$r_1 = \left(\frac{3M}{2\pi f\sigma} + r_0^3\right)^{1/3} \tag{2-7}$$

因 $r_1 = r_0 + \Delta r$,式(2-8)又写为

$$\Delta r = \left(\frac{3M}{2\pi f\sigma} + r_0^3\right)^{1/3} - r_0 \tag{2-8}$$

式(2-8)表明:随孔径增加,切削厚度减小。

(三)拉管阻力

拉管总阻力 F 主要由基本摩擦阻力 F_1、弯曲附加摩擦阻力 F_2、管前端积塞阻力 F_3 三者组成。

$$F = F_1 + F_2 + F_3 \tag{2-9}$$

1. 基本摩擦阻力

F_1 等于土体对基本管壁正压力 p_r 乘以摩擦系数 f。

$$F_1 = p_r \times f \tag{2-10}$$

式中:p_r 又称为抱管力,单位为 N,受多种因素影响,如地应力、蠕变性、水敏性等。

2. 弯曲附加摩擦阻力

在弯曲孔段中拉入管子时,管段会受到弯曲力作用而发生弯曲变形,用图 2-4 所示的三支点力系予以表征。由于管道刚性较大,支点力 p 将大大超过基本管壁正压力,导致异常大的支点摩擦力,造成通俗所称的管道"担卡"。

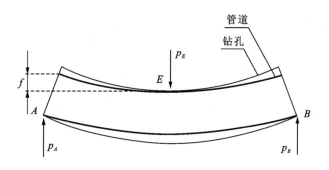

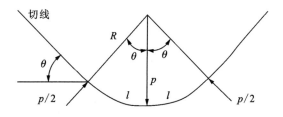

图 2-4 弯曲附加摩擦阻力示意图

弯曲附加摩擦阻力力学模型为固定端悬臂梁形式。根据材料力学推导结果,管轴在两侧支点处产生的转角 θ 为

$$\theta = \frac{pl^2}{4EI} \quad \text{即} \quad p = \frac{4EI\theta}{l^2} \quad \text{或} \quad p = \frac{4EI}{Rl} \tag{2-11}$$

式中:p 为支点力,单位为 N;l 为弯曲段长度的一半,单位为 m;E 为管材弹性模量,单位为 kPa;I 为管子截面惯性矩,单位为 m^4,$I = \frac{\pi D^4}{64}(1-a^4)$,$a = d/D$;$R$ 为弯曲段弯曲半径,单位为 m;d 为管道内径,单位为 m;D 为管道外径,单位为 m;a 为管道内外径之比。

因此,弯曲附加摩擦阻力 F_2 为

$$F_2 = 2fp = \frac{8fEI\theta}{l^2} = \frac{8fEI}{Rl} \tag{2-12}$$

式中:f 为摩擦系数。

3. 管前端积塞阻力

管前端积塞阻力由管前端孔内屑、块的累计造成(图 2-5)。

$$F_3 = \pi D_n L \sigma_\tau \tag{2-13}$$

式中:D_n 为终孔直径,单位为 m;L 为淤塞体堆积长度,单位为 m;σ_τ 为淤塞体抗剪强度,单位为 kPa。

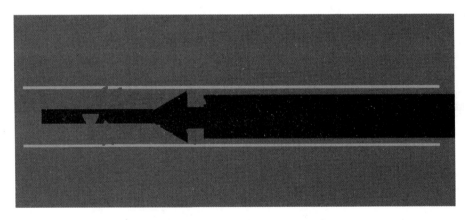

图 2-5 管前端积塞示意图

4. 总拉管阻力

总拉管阻力 F 为

$$F = F_1 + F_2 + F_3 = p_r f + \frac{8fEI\theta}{l^2} + \pi D_n L \sigma_\tau \tag{2-14}$$

三、仪器设备

(1) 小尺寸的管道(DN80),确定黏结力 c、内摩擦角 ϕ 值的土体。
(2) 细钢杆、小尺寸自制扩孔钻头、钢丝绳。
(3) 测力计、扭矩计。

四、实验步骤

(一) 多级扩孔

(1) 用 $\phi 30$ 钻头钻导向孔。
(2) 将等径差初级扩孔钻头 $\phi 40$ 和细钢杆一端连接,另一端连接测力计,进行扩孔,记录力数值。
(3) 换下一级扩孔钻头 $\phi 50$,重复步骤(2),直至完成 $\phi 100$ 扩孔。
(4) 将等面积初级扩孔钻头和细钢杆一端连接,另一端连接测力计,进行扩孔,记录力数值。
(5) 换下一级扩孔钻头,重复步骤(4),直至完成 $\phi 100$ 扩孔。
(6) 将等扭矩初级扩孔钻头和细钢杆一端连接,另一端连接测力计,进行扩孔,记录力数值。
(7) 换下一级扩孔钻头,重复步骤(6),直至完成 $\phi 100$ 扩孔。
(8) 将等功率初级扩孔钻头和细钢杆一端连接,另一端连接测力计,进行扩孔,记录力数值。
(9) 换下一级扩孔钻头,重复步骤(6),直至完成 $\phi 100$ 扩孔。

(二) 拉管阻力

(1) 将管道放入直导向孔,连接测力计,拉动管道,记录数据。
(2) 将管道放入弯曲孔一端,连接测力计,拉动管道,记录数据。
(3) 将管道放入直导向孔,连接测力计,填充松土体,拉动管道,记录数据。

五、实验记录

按要求填写表格(表 2-1—表 2-5),取值为小数点后一位。

表 2-1　等径差扩孔试验记录表

工程名称：　　　　　　　　　　　　　试验者：
试验日期：　　　　　　　　　　　　　校核者：

序号	扩孔钻头尺寸/mm	拉力/N	功率/W
1			
2			
3			
4			

表 2-2　等面积扩孔实验记录表

工程名称：　　　　　　　　　　　　　试验者：
试验日期：　　　　　　　　　　　　　校核者：

序号	扩孔钻头尺寸/mm	拉力/N	功率/W
1			
2			
3			
4			

表 2-3　等扭矩扩孔试验记录表

工程名称：　　　　　　　　　　　　　试验者：
试验日期：　　　　　　　　　　　　　校核者：

序号	扩孔钻头尺寸/mm	拉力/N	功率/W
1			
2			
3			
4			

表 2-4　等功率扩孔实验记录表

工程名称：　　　　　　　　　　　　　试验者：
试验日期：　　　　　　　　　　　　　校核者：

序号	扩孔钻头尺寸/mm	拉力/N	功率/W
1			
2			
3			
4			

表 2-5 拉管阻力实验记录表

工程名称：   试验者：
试验日期：   校核者：

序号	导向孔形式	前端淤积程度	拉力/N	功率/W
1				
2				
3				
4				

六、思考题

(1)在何种情况下扩孔和拉管可以同时进行？
(2)分析说明土质如何影响扩孔和拉管。
(3)根据已有实验仪器，设计施工效率较高的扩孔方案。
(4)对比分级扩孔实验的数据，分析实际工程中分级扩孔钻头的应用。

实验三　水平定向钻泥浆实验

非开挖水平定向钻进铺管技术在给排水、电力、油气、通信等领域管线建设中得到了比较普遍的应用。水平定向钻技术一般采用"三直两曲"的轨迹设计，加之水平段的深度较浅，因而钻遇地层多以土、砂为主，成孔质量要求高，难度也大。泥浆是决定穿越施工是否成功的重要因素之一。泥浆是指在钻进施工中用来与钻孔过程中切削下来的土（或砂石）屑混合、悬浮并将这些混合物排出钻孔的一种液体。

在非开挖工程中，泥浆工艺相对其他工艺是较为薄弱和容易被忽视的，这导致沉砂、垮塌、卡钻等工程故障经常出现。因此使用合适的非开挖工程泥浆体系是当前的迫切需要。泥浆的主要作用有排除岩屑；稳定和保护孔壁，平衡地层压力；在孔壁形成泥皮，从而避免泥浆漏失；冷却钻头，减少钻具磨损，避免烧钻；起润滑作用，减少铺管阻力，降低回转扭矩；用喷射钻头时进行水力切削和起导向作用。可见，在实际铺管过程中，泥浆扮演着十分重要的角色。

泥浆在水平定向钻铺管中的功能主要体现为稳定孔壁、排出钻屑、润滑减阻等，而这些功能的发挥需要依赖泥浆自身的性能。欧美国家对泥浆的性能十分重视，一方面对泥浆配方进行室内优选试验，根据试验数据确定各种添加剂的最优配比；另一方面，水平定向钻现场采用的泥浆一般为配置好的罐装成品，无须大范围调整，可直接采用，并且只做一次循环便进行回收再处理。而国内仅有很少一部分施工单位会对现场泥浆进行比较严格的性能控制，这必然增加了绝大部分工程的施工风险。

泥浆性能的稳定不仅依靠各添加剂的配伍性，还依赖于后期的维护。特别是在含砂量较高的地层中，随着岩屑的混入，泥浆的含砂量会急剧升高，极大地影响了泥浆的性能，采用自然沉降、旋流除砂及加絮凝剂等方法可以降低泥浆中的含砂量，实现循环利用。在垂直钻进中，钻头位置的泥浆液柱压力同泥浆比重成正比关系，从控制比重角度对含砂量提出了要求，而对于近水平钻进的水平定向钻而言，纵向泥浆的比重差别不大，因此含砂量的控制不能盲目沿用垂直钻进所要求的比例。

不同的地质条件需要不同成分的泥浆。能适应水平定向钻施工的泥浆体系主要包括膨润土、聚合物加膨润土、化学浆液、脲醛树脂水泥球等，各泥浆体系具有不同的特性及适应性。为保证穿越工程的顺利进行，使用泥浆时应注意以下 4 点。

（1）对特殊地段应提前采取措施，及时加入添加剂，调节泥浆性能，形成良好的孔壁。

（2）在易塌方地段，一方面改进泥浆性能，另一方面改变钻孔和回拖工艺，尽量缩短停钻时间，加快钻进速度。

(3)采用大泵量泥浆循环,停止钻进时仍需注入适量泥浆,保证孔内始终存在正压,使泥浆把孔内土及切削物尽量携带出来,防止它们沉积于钻孔内。

(4)拖管过程中,如出现管道拖不动的情况,应及时将钻机移到管道入地端,与挖掘机及其他机械配合,使拖力达到原拖力的2倍以上后,再将管道拖出地面。检查并改善相关保障措施,如采用更大的回扩头,应使用添加剂,并使用具有更大动力的钻机等。

一、水平定向钻泥浆基本性能参数测量方法

(一)泥浆黏度测量

1. 基本概念

马氏漏斗黏度计是用于日常测量泥浆黏度的仪器,以定量泥浆从漏斗中流出来的时间来确定泥浆的黏度。仪器由马氏漏斗和量杯组成,漏斗锥体容积为1500mL,刻度杯容积为946mL(图3-1)。

图3-1 马氏漏斗黏度测试仪器

2. 使用方法

(1)用手指堵住漏斗流出口,通过筛网将待测液体注入干净且直立的漏斗中,直至液体到筛网底部为止。

(2)移开手指的同时按下计时器开关,记录液体注满刻度杯内946mL刻度线所需要的时间。

(3)以s为单位记录泥浆黏度。

(二)泥浆密度测量

1. 基本概念

泥浆密度是指单位体积泥浆的质量,单位为 g/cm³ 或 kg/m³。钻井工程中,泥浆密度与泥浆比重两个术语所表达的含义相同。泥浆密度的英制单位通常为 lbm/gal,即磅/加仑,或写作 ppg,国际单位与英制单位之间的换算关系为 1g/cm³=8.33lbm/gal。

泥浆的密度大小取决于泥浆中的固相含量。泥浆的固相含量是指泥浆中固体颗粒占的质量或体积分数。泥浆中的固相按固相密度可划分为重固相(重晶石密度为 4.3g/cm³,赤铁矿密度为 5.0g/cm³,方铅矿密度为 7.5g/cm³)和轻固相(黏土密度一般为 2.3~2.6g/cm³,岩屑密度一般在 2.2~2.8g/cm³ 之间)。

泥浆密度是确保钻井安全、钻井速度和保护油气层的一个十分重要的指标。通过调整泥浆密度,可调节泥浆在井筒中的静液柱压力,以平衡地层孔隙压力,亦可用于平衡地层构造应力,避免井塌。

2. 实验仪器

泥浆比重秤构造示意图如图 3-2 所示。

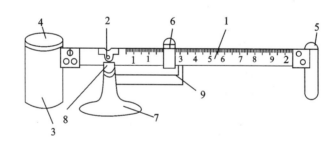

1.秤杆;2.主刀口;3.泥浆杯;4.杯盖;5.校正筒;6.游码;7.底座;8.主刀垫;9.挡壁。

图 3-2 泥浆比重秤构造示意图

3. 实验步骤

(1)在泥浆杯中装满泥浆。
(2)盖好杯盖,使多余的泥浆从杯盖中心孔和四周溢出。
(3)擦干泥浆杯表面,将主刀口对准主刀垫放置好杠杆。
(4)移动游码,使杠杆处于水平状态(水平气泡处于中央位置)。
(5)读出游码左侧的刻度,即为泥浆的密度。

在正式测量泥浆密度前,要先用清水对仪器进行校准,如果读数不在 1.0 处,可通过增减校正筒中的金属颗粒或其他重物来调节,直至读数为 1.0 止。

(三)泥浆流变参数测量

1. 基本概念

泥浆流变性是指在外力作用下,泥浆发生流动和变形的特性,其中流动性是主要的方面。通常是用泥浆的流变曲线和塑性黏度(plastic viscosity)、动切力(yield point)、静切力(gel strength)、表观黏度(apparent viscosity)等流变参数来描述泥浆的流变性。泥浆流变性起着十分重要的作用:①携带岩屑,保证井底和井眼的清洁;②悬浮岩屑与重晶石;③提高机械钻速;④保持井眼规则和保证井下安全。此外,泥浆的某些流变参数还可直接用于环空水力学的有关计算中。因此,对泥浆流变性的深入研究,以及对泥浆流变参数的优化设计和有效调控是泥浆技术的重要方面。

目前主要使用六速旋转黏度计测量泥浆的流变参数(图3-3)。六速旋转黏度计由电动机、恒速装置、变速装置、测量装置和支架箱体五部分组成。恒速装置和变速装置合称旋转部件。在旋转部件上固定一个外筒,即外筒旋转。测量装置由测量弹簧部件、刻度盘和内筒组成。内筒通过扭簧固定在机体上,扭簧上附有刻度盘,通常将外筒称为转子,内筒称为悬锤。测量时,内筒和外筒同时浸没在泥浆中,它们是同心圆筒,环隙为1mm左右。当外筒以某一恒速旋转时,带动环隙里的泥浆旋转。泥浆的黏滞性使与扭簧连接在一起的内筒转动一个角度。于是,泥浆黏度的测量就转变为内筒转角的测量,转角的大小可从刻度盘上直接读出。

图3-3 六速旋转黏度计

转子和悬锤特定的几何结构决定了六速旋转黏度计转子的剪切速率与转速之间的关系。Fann 仪器公司设计的转子、悬锤组合(间隙为 1.17mm),剪切速率与转子钻速的关系为

$$1\text{r/min} = 1.703\text{s}^{-1} \qquad (3-1)$$

六速旋转黏度计的刻度盘读数 θ(θ 为圆周上的度数,不考虑单位)与剪切应力 τ(单位为 Pa)成正比。当设计的扭簧系数为 3.87×10^{-5} 时,两者之间的关系可表示为

$$\tau = 0.511\theta \qquad (3-2)$$

Fann35SA 六速旋转黏度计是目前最常用的多速型黏度计,国内也有类似产品。该黏度计的 6 种转速和与之相对应的剪切速率分别为 600r/min(1022s^{-1})、300r/min(511s^{-1})、200r/min(340.7s^{-1})、100r/min(170.3s^{-1})、6r/min(10.22s^{-1})和 3r/min(5.11s^{-1})。

2. 测试方法

(1)将预先配好的泥浆进行充分搅拌,然后倒入量杯中,使液面与黏度计外筒的刻度线对齐。

(2)将黏度计转速设置为 600r/min,待刻度盘稳定后读取数据。

(3)再将黏度计转速分别设置为 300r/min、200r/min、100r/min、6r/min 以及 3r/min,待刻度盘稳定后读取数据。

(4)计算各流变参数。必要时,通过将刻度盘读数换算成 τ,将转速换算成 γ(剪切速率,单位为 s^{-1}),绘制出泥浆的流变曲线。

3. 表观黏度的计算

某一剪切速率下的表观黏度可用式(3-3)表示:

$$\eta_a = \frac{\tau}{\gamma} = \left(\frac{0.511\theta}{1.073N}\right) \times 1000 = \frac{300\theta_N}{N} = \alpha \cdot \theta_N \qquad (3-3)$$

式中:N 为转速,单位为 r/min;θ_N 为转速为 N 时的刻度盘读数;α 为换算系数;η_a 为表观黏度,单位为 mPa/s。

利用式(1-3),可以将在任意剪切速率(或转子的转速)下测得的刻度盘读数换算成表观黏度,常用的 6 种转速换算系数如表 3-1 所示。

表 3-1 将六速旋转黏度计刻盘读数换算成表观黏度的换算系数

转速/(r·min^{-1})	600	300	200	100	6	3
换算系数	0.5	1.0	1.5	3.0	50.0	100.0

例如:在 300r/min 下测得刻盘读数为 36,则该剪切速率下的表观黏度等于 $36 \times 1.0 = 36$(mPa/s)。

如果没有特别注明某一剪切速率,一般是指测定 600r/min 时的表观黏度,即

$$\eta_a = \frac{1}{2}\theta_{600} \qquad (3-4)$$

4. 宾汉塑性流体流变参数的测量与计算

由测得的 600r/min 和 300r/min 的刻度盘读数,可分别利用式(3-5)、式(3-6)求得塑性黏度(η_p)和动切力(τ_0):

$$\eta_p = \theta_{600} - \theta_{300} \qquad (3-5)$$
$$\tau_0 = 0.511(\theta_{300} - \eta_p) \qquad (3-6)$$

式(3-5)、式(3-6)中,η_p 的单位为 mPa/s,τ_0 的单位为 Pa。

此外,宾汉塑性流体的静切力可用以下方法测得:将经过充分搅拌的泥浆静置 10s(或 1min),在 3r/min 的剪切速率下读取刻度盘的最大偏转值 $\tau_{初}$;再重新搅拌泥浆,静置 10min 后重复上述步骤并读取最大偏转值 $\tau_{终}$。最后进行以下计算:

$$\tau_{初} = 0.511\theta_3(10s \text{ 或 } 1min) \qquad (3-7)$$
$$\tau_{终} = 0.511\theta_3(10min) \qquad (3-8)$$

式中,$\tau_{初}$ 和 $\tau_{终}$ 的单位均为 Pa。

5. 假塑性(幂律)流体流变参数的测量与计算

同样地,由测得的 600r/min 和 300r/min 的刻度盘读数,可分别利用式(3-9)、式(3-10)求得幂律流体的两个流变参数,即流性指数(n)和稠度系数(K):

$$n = 3.322\lg\left(\frac{\theta_{600}}{\theta_{300}}\right) \qquad (3-9)$$
$$K = \frac{0.511\theta_{300}}{511^n} \qquad (3-10)$$

式中:n 为无因次量;K 的单位为 $Pa \cdot s^n$。

(四)泥浆 API 滤失量测量

(1)胶体率用来表示泥浆中黏土颗粒分散和水化的程度。
(2)仪器:胶体率测定瓶(也可以用 100mL 量筒代替)。
(3)测量步骤。
①将 100mL 泥浆装入胶体率测定瓶中,将瓶塞塞紧(或将 100mL 泥浆装入 100mL 量筒中,用保鲜膜封住),静止 24h 后,观察量筒上部澄清液的体积(mL)。
②胶体率以百分数表示

$$胶体率(\%) = \frac{100 - 澄清液体积}{100} \times 100\% \qquad (3-11)$$

1. 滤失量的概念

滤失量又称失水量,是对泥浆渗入地层的液体量的一种相对测量。在钻井作业中有静和动两种滤失。动滤失发生在泥浆循环时,而静滤失是在泥浆停止循环时,泥浆通过滤失介质(泥饼)进入渗透性地层的滤失,动滤失大于静滤失。至今还未能确定同一种泥浆动滤失和静滤失之间的关系。

API 滤失量测定仪是最常用的评估泥浆滤失量的装置,其渗滤面积为 45.8cm^2,实验压差为 0.69MPa(100psi,1psi=0.006 895MPa),测试温度一般为室温,滤失时间为 30min,滤失材料是符合标准的直径为 90mm 的滤纸。

2. 实验仪器

ZNS-5A 型中压滤失仪(图 3-4),滤纸,10mL 量筒,秒表。

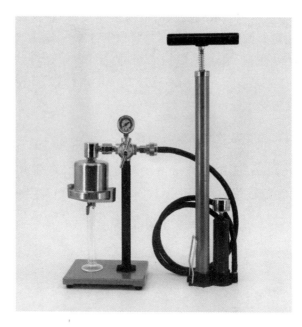

图 3-4　ZNS-5A 型中压滤失仪

3. 使用方法

(1)检查进气阀门,保证阀门处于关闭状态。

(2)将干燥、洁净的滤纸放入泥浆杯底部,组装泥浆杯筒与杯底;用中指堵住泥浆杯底部小孔,将搅拌均匀后的泥浆倒入杯内至刻度线处。

(3)将组装好的装有泥浆的泥浆杯放置在气源接头,并固定杯盖,将量筒置于滤失仪下方并对准滤液流出孔。

(4)用打气筒打气至压力表显示为 0.69MPa,打开进气阀门,在流出第一滴滤液时开始计时,收集泥浆滤液。

(5)当计时器显示为 30min 时,移开量筒,关闭通气阀,放出气体,确保泥浆杯中的压力完全被释放,然后从支架上取下泥浆杯,拆开泥浆杯并倒掉泥浆,小心取下滤纸,清洗泥浆杯及杯底。

(6)读出量筒中液体体积,记为泥浆滤失量,单位为 mL。实验一般记录 7.5min 时的泥浆滤失量,7.5min 时的滤失量乘以 2 即为需测量的 30min 的滤失量。

(五)泥浆含砂量测量

1. 含砂量的概念

泥浆含砂量是指泥浆中不能通过 200 号筛网(相当于颗粒直径大于 $74\mu m$)的砂子体积和泥浆体积的百分数。采用筛析原理对泥浆含砂量进行测量。

根据美国石油学会的规定,将钻屑按粒度的大小分成以下 3 类。

(1)黏土(或胶体)类,粒度小于 $2\mu m$。

(2)泥渣类,粒度为 $2\sim74\mu m$。

(3)砂类(API 砂),粒度大于 $74\mu m$。

2. 实验仪器

一套含砂量测定仪(ZNH-1 型)(图 3-5)包括玻璃测量管(标有泥浆样品体积刻度线,还标有 0~20%的百分数刻度线,可直接读取含砂量)、烧杯。

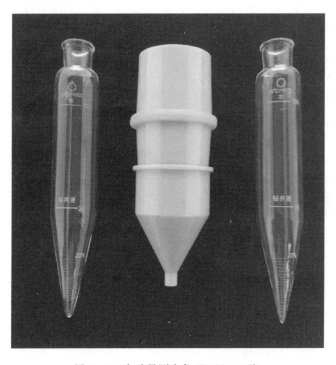

图 3-5 含砂量测定仪(ZNH-1 型)

3. 使用方法

(1)将泥浆倒入玻璃测量管中至"泥浆"标记处,再倒入清水至"水"的刻度线,用手堵住管口并摇振。

(2)待泥浆和水混合均匀后,将其倒入干净、润湿的筛网中,弃掉通过筛网的液体。向玻璃测量管中再加些水,振荡并倒入筛网上。重复上述步骤直至玻璃测量管中洁净。

(3)用清水冲洗筛网上的砂子以除去残留的泥浆。

(4)将漏斗上口朝下套在筛框上,缓慢倒置,并把漏斗尖端插入到玻璃测量管口中,多次用清水把附在筛网上的砂子全部冲入玻璃测量管内。

(5)待砂子沉降到玻璃测量管底部,读取砂子的体积分数。以(体积)分数记录泥浆的含砂量。

(6)实验完毕后,清洗含砂量测定仪。

(六)泥浆固相含量测量

1. 实验目的

泥浆固相含量的高低对钻井时的井下安全、钻井速度及油气层损害程度有直接影响。

2. 实验内容

通过泥浆固相含量测定仪测量泥浆的固相含量。

3. 实验仪器

量筒、泥浆固相含量测定仪(图3-6)。

图3-6 泥浆固相含量测定仪

4. 实验步骤

(1)拆开蒸馏器,称出蒸馏杯质量。

(2)取 10mL 均匀搅拌后的泥浆样品,注入蒸馏杯中,称重。

(3)将套筒及加热棒拧紧在蒸馏杯上,再将蒸馏器引流管插入冷凝器出口端。

(4)将加热棒插头插入电线插头,通电加热蒸馏并计时。通电 3~5min 后冷凝液即可滴入量筒,连续蒸馏至不再有液体滴出为止,切断电源。

(5)用环架套住蒸馏器上部,使其与冷凝器分开。

(6)记下量筒中馏出液体的体积。

(7)取出加热棒,用刮刀刮净套筒内壁及加热棒上附着的固体,全部收集于蒸馏杯中,然后称重。

(七)蒙脱石含量测量

1. 实验目的

蒙脱石含量测量主要评价泥浆所用造浆土中蒙脱石的含量和阳离子量。

2. 实验仪器

搬土含量测试箱(图 3-7),里面主要有滴定架、希尔球、锥形瓶、玻璃棒、亚甲基蓝药品、5mol/L 的稀硫酸溶液、电热炉、移液枪、滤纸、蒸馏水。

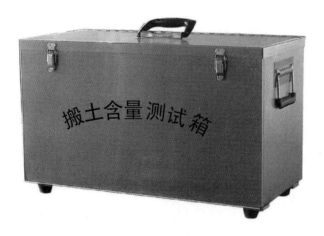

图 3-7 搬土含量测试箱

3. 实验步骤

(1)配置 3.2g/L 的亚甲基蓝溶液备用。

(2)制备待测样溶液:称取 0.5g 待测黏土放入锥形瓶中,并加入 50mL 蒸馏水,再滴加 0.5mL 的 5mol/L 稀硫酸溶液,盖上表面皿,用电热炉加热至微沸后保持 5min。待溶液冷却至室温,用亚甲基蓝溶液滴定。

(3)按照每次 1mL 的量进行滴定,每次加入亚甲基蓝溶液于锥形瓶中后,都要搅拌 30s。当黏土颗粒仍处于悬浮状态时,用玻璃棒蘸取一滴于滤纸上,观测滤纸上这滴被染色的黏土颗粒形成的色点。当滴定至多余的亚甲基蓝溶液在黏土颗粒形成的深色点周围散开一圈天蓝色的晕圈时,停止滴定,并继续搅匀悬浮液,待 2min 后,再用玻璃棒滴取黏土悬浮液于滤纸上,判断先前出现的晕圈是否消失。若消失则继续滴定,若依旧存有,则此时达到滴定终点,停止实验,计算蒙脱石含量。

(4)计算蒙脱石含量。

$$M = \frac{A \times B}{44C} \times 100\% \tag{3-12}$$

式中:M 为蒙脱石含量,单位为%;A 为亚甲基蓝溶液的浓度,本实验中为 0.003 2g/mL;B 为滴定时消耗的亚甲基蓝溶液的毫升数,单位为 mL;C 为黏土样品的质量,单位为 g。

二、实验记录

根据上述实验步骤,完成实验,及时记录 3 组泥浆各项性能参数于表 3-2 中。

表 3-2 泥浆性能记录表

泥浆编号	1	2	3
漏斗黏度/s			
密度/(g·cm^{-3})			
动切力/Pa			
滤失量/mL			
含砂量/%			
固相含量/%			
蒙脱石含量/(cmol·g^{-1})			

三、思考题

(1)泥浆在水平定向钻进中的作用有哪些?
(2)在水平定向钻进中对泥浆压力有哪些要求?
(3)在钻导向孔、扩孔、拉管过程中分别应注重泥浆的哪些特性?
(4)试设计实验,探讨泥浆对拉管的影响。

实验四　软衬材料固化管道修复实验

一、引言

软衬法也叫原位固化法,是非开挖行业的一种地下管道修复工艺。它起源于20世纪70年代的英国,迄今为止是世界范围内使用最广泛的地下管道非开挖修复技术。原位固化法应用广泛,适用于重力流管道和供水、燃气等压力管道的非开挖修复。

(一)修复流程

将一条外层涂有聚合物涂层(PU或PE)的无纺布内衬管或者玻璃纤维与聚酯树脂或环氧树脂浸渍(图4-1),然后再通过水重力或压缩气压翻转到下水道或污水管里,或者由牵引装置拖拉进入管道。将内衬全部安装到主管道后,使用向管内注入循环热水、热蒸汽或安装紫外光灯车的方式,使树脂发生化学反应,开始固化,4~8h内衬固化完毕。内衬固化后会在原来的管道里形成一个新的连续性的具有全结构性强度的管道,从而达到修复旧管道的目的。

图4-1　软衬材料

(二) 特点

原位固化法具有施工风险小、内衬管耐久实用等特点。其优点有：①施工速度快、周期短，现场施工周期一般不超过24h；②占用道路面小、路面开挖小，特别是在进行排水管道修复时完全不需要开挖；③不产生垃圾，无污染，对周边环境影响小；等等。其缺点是：①施工成本较高；②原位固化法软桶材料依赖进口，软衬材料准备时间长；等等。

(三) 无纺布内衬管翻转进入法

无纺布内衬管翻转进入法是原位固化法中的一种方法。其操作流程是利用水或者气体的压力将预浸热固性树脂的聚酯毛毡管敷设于原有管道的内表面，然后再通过加热装置将管道内的水加热到一定温度或通入蒸汽，保持一定时间使软衬固化，从而达到管道修复（更新）的目的。

(四) 玻璃纤维内衬管拉入法

玻璃纤维内衬管拉入法是原位固化法中的另一种方法。其操作流程是先在原管内铺设塑料垫层，再通过牵引机将玻璃纤维内衬管从井口拉入待修管道内，然后在玻璃纤维内衬管内充入压力空气，使玻璃纤维内衬管被空气压强挤压膨胀，保证玻璃纤维内衬管能够紧密地和原管贴合，最后拉入紫外光灯车使其在管道内工作，固化玻璃纤维内衬管，由此达到管道修复（更新）的目的（图4-2）。

图4-2 紫外光灯在玻璃纤维内衬管内工作

二、实验目的

(1) 了解光固化体系的组成及固化原理。
(2) 熟悉紫外光固化机的构造及使用方法。
(3) 了解紫外光固化的流程,以及光固化体系的固化实现过程。
(4) 探讨不同光条件对软衬管固化的影响。

三、实验原理

UV 胶(紫外光固化胶即实验中玻璃纤维上所浸渍的材料)中含有光引发剂。光引发剂在紫外光的作用下,分解成活性自由基或活性离子。活性自由基或离子在相互作用下会发生单体的聚合,进而引发整体的固化。

紫外光固化体系有四大类:自由基聚合、离子聚合、电荷转移聚合及混合聚合。在实际的运用中通常几种聚合方式并用。紫外光固化的原理是利用紫外光源发出的特定紫外光,引发光敏剂产生活性中间体或激发电荷转移络合物,从而引发光低聚物及活性单体的聚合及交联,形成固化体系(图 4-3)。

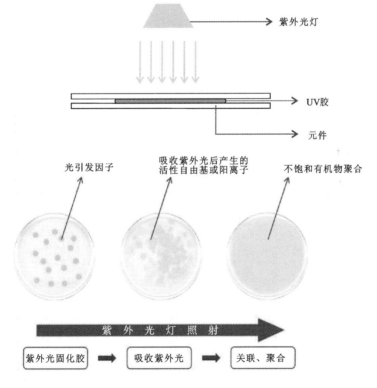

图 4-3 紫外光固化的原理

光固化体系一般由光敏预聚体、光活性单体、光引发剂及其他助剂组成。光引发剂吸收光能后产生活性中间体，光敏预聚体和光活性单体含有活性官能团，可发生聚合或交联，其他助剂可调节固化过程及固化物性能。

紫外光固化体系的固化性能与混合胶的组成、光的组成（光的强度、光的波长及分布）、光照时间、光源与样品的距离及固化的温度有关，可通过调节光源到样品的距离及光照时间来调节光固化的过程。

四、实验仪器及材料

试验仪器主要包括紫外光固化机、CCTV 管道检测设备等。材料主要包括软衬材料、待修复旧管道及其他基础用品等。

（1）软衬材料包括丙烯酸改性聚氨酯、1,6-己二醇二丙烯酸酯（HDDA）、四甲基丙二胺（TMPDA）、2-羟基-2-甲基-1-苯基-1-丙酮（引发剂 1173，HMPP）、光敏剂二苯甲酮。

（2）待修复旧管道为 DN300 尺寸的 PVC 管。

（3）其他基础用品包括样品瓶、胶头滴管、玻璃棒、玻璃板、防护手套等。

（一）紫外光固化机

紫外光固化机构造示意图如图 4-4 所示。包含了传感器和紫外光灯的传感器小车通过耐高温管道中的线缆与控制装置相连。控制装置可控制传感器小车的行进、紫外光灯的开关，具有调节光强大小、收缩传感器支架等功能。同时控制装置上还有数据记录仪用于监测和记录传感器传输的数据，通过传感器传输的数据可以推测管道内的固化情况等信息。旧管道固定装置可以固定待修复的旧管道，牵引车可以将玻璃纤维内衬管拉入待修复管道中。

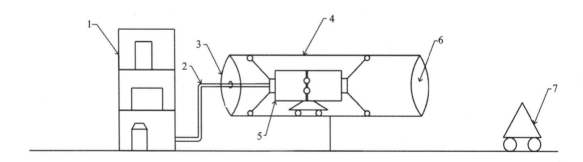

1.控制装置；2.耐高温管道；3.管道盖Ⅰ；4.旧管道固定装置；
5.传感器小车（紫外光灯光源）；6.管道盖Ⅱ；7.牵引车。

图 4-4 紫外光固化机构造示意图

(二)CCTV 管道检测设备

CCTV 管道检测是一项新型的应用工程技术,可利用工业管道内窥摄像系统,连续、实时地记录管道内部的实际情况。技术人员根据摄像系统拍摄的录像资料,对管道内部存在的问题进行实地位置的确定、缺陷性质的判断,具有实时、直观、准确和一定的前瞻性。可以为对排水管道进行维护、排除雨、污水滞流以及防治管道泄漏污染,提供可靠的技术依据。本实验中的管道检测设备主要用于管道修复后的管道内壁质量评价。

(三)软衬材料

在进行不同类型管道的修复时,所选用的软衬材料是不同的。软衬的主要材料是聚酯纤维毡和树脂。其中辅助材料有针刺毛毡、玻璃纤维、添加剂、填充剂、聚合物涂层、黏合剂等,其中树脂是系统的主要结构元素。

树脂通常可分为三大类:不饱和聚酯树脂、乙烯树脂和环氧树脂(表 4-1)。每一种树脂都有其独特的化学耐腐蚀性能和结构性能。其中不饱和聚酯树脂因其性能良好且具有较好的经济效应而被运用得最为广泛。乙烯树脂和环氧树脂具有特殊的耐腐蚀性、抗溶解性、耐高温等高稳定性能,常被使用于工业管道和压力管道中。

表 4-1 三种树脂的力学性能

特点	ASTM 试验方法	不饱和聚酯树脂/psi(MPa)	乙烯树脂/psi(MPa)	环氧树脂/psi(MPa)
抗拉强度	D638	2000~3000(14~21)	2500~3500(17~24)	4000(28)
抗弯强度	D790	4000~5000(28~35)	4000~5000(28~35)	5000(35)
弯曲模量	D790	250 000~500 000 (1724~3488)	250 000~500 000 (1724~3448)	300 000(2069)

五、实验步骤

(1)判断旧管道破损程度并清洗旧管道。

观察并判断旧管道破损程度情况,仔细清洗旧管道,并把破损情况记录于表 4-2 中,主要记录表面粗糙程度、有无裂痕、裂痕大小等情况。

(2)熟悉紫外光固化机。

熟悉紫外光固化机的构造,参照图 4-5 找到每一个以及每个数字对应的部件,并熟悉每一个部件的操作方式和具体功能。检查每一部分能否正常工作,并提前打开机器进行预热。

(3)制作软衬管(图 4-5)。

表4-2 光固化管道修复实验记录表

管道编号	光强/(W·m^{-2})	波长/nm	固化温度/℃	固化时间/s	修复后评价
1					
2					
3					
4					
5					

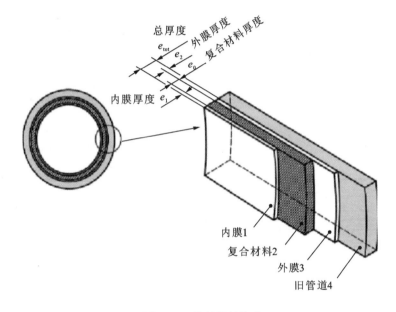

图4-5 软衬管的构造

首先在桌面上铺设一层塑膜,作为软衬管的外膜。然后再将已准备好的玻璃纤维网铺设在桌面上。将玻璃纤维平铺后,取出已配置好的复合树脂,将它均匀地涂抹在玻璃纤维网上,涂抹完成后将玻璃板平铺在玻璃纤维上使树脂充分浸渍。观察到玻璃纤维网与树脂充分浸渍后,取下玻璃板。取下玻璃板后,再在玻璃纤维网表面铺设一层塑膜作为软衬管的内膜,内膜的宽度稍小于玻璃纤维网宽度。

铺设好后将软衬管按照玻璃纤维网宽的方向,卷成一个闭合的环形,注意在两个边重合处要重叠一部分,即没有内膜的部分。

(4)固定PVC管。

打开旧管道固定装置的旋钮,将待修复的旧管道(PVC管)放入其中,调节固定装置直径,使固定装置内表面与旧管道完全贴合,然后关闭固定装置的旋钮。检查旧管道是否固定牢靠,进行微调。

(5)拉入软衬管。

将制作好的内衬管一头与牵引车相连,通过牵引车将软衬管拉入待修复的旧管道中。

将软衬管拉入待修复的旧管道中后,盖上管道盖Ⅰ、管道盖Ⅱ,通过管道盖Ⅰ上的小孔连接充气管。连接好后向管中充气,使软衬管在空气压力的作用下向四周膨胀,与待修复的旧管道壁紧密贴合。

(6)固化。

待上述步骤完成后,取下两边的管道盖。然后打开传感器小车上的紫外光灯装置,调节至合适的光强与波长,并记录在表4-2中。将传感器小车放入待修复管道中,在控制系统中,控制传感器小车两端的传感器收缩架,使它充分展开到与管道直径相适宜的大小。注意调节传感器收缩架时要把握3个原则:①传感器可以正常工作;②不产生过大的摩擦,使传感器小车运动受阻;③不破坏软衬管内壁。调节好后打开传感器收缩架末端的传感器,然后控制车在管道内保持一定速率来回移动,不宜过快也不宜过慢。在运动的同时通过传感器记录下管内的温度变化情况并填写在表4-2中。

(7)检查验收。

待管道固化后,将固化时间记录于表4-2中,并取出传感器小车。观察软衬管固化的情况,并判断固化的程度,记录修复后的管道情况,详细记录软衬管是否完全固化,表面光滑程度,内衬管道壁厚度,是否出现裂纹,气泡等情况。记录在表4-2中。

(8)清理整洁。

将所有的设备还原并清洁,完成实验。

实验步骤流程图如图4-6所示。

六、数据记录

(1)实验数据记录于表4-2中。

(2)与其他小组记录的实验数据进行比较,探讨不同光条件对固化的影响,并总结最适用的光条件,记录于表4-2中。

(3)绘制紫外光固化过程流程图。

七、实验注意事项

(1)在制作软衬材料的过程中,请始终佩戴好防护手套,不要用手触碰树脂,以免造成危险。

(2)在制作软衬材料步骤中取下玻璃板时应平稳缓慢,避免将树脂黏在玻璃板上,导致玻璃纤维网中树脂出现过多气泡。

(3)禁止在管道外打开紫外光灯。

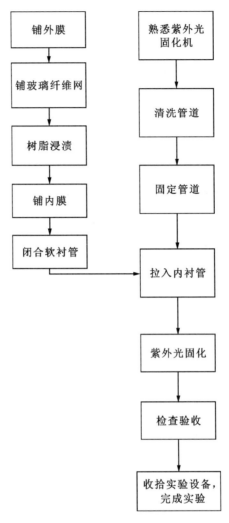

图 4-6 实验步骤流程图

八、思考题

(1)哪些因素对软衬材料固化有影响?
(2)光固化工艺过程与热固化工艺过程有哪些异同?
(3)各种软衬法进行管道修复的适用场景分别是哪些?
(4)试设计实验比较几种软衬法进行管道修复的效率。

实验五　管道检测实验

目前国内各城市的地下管线排水系统远没有发挥预计的功能和作用，许多城市的地下管线排水系统处于不可控的状态。国内许多二线城市的排水系统跟一线城市相比更加混乱，部分城市雨水管网和污水管网混接问题突出，另外排水管道长年未被清淤，出现封堵，导致雨季时期污水溢流，污染城市环境。国内的三线城市和乡镇地区的排水管网系统自埋设完毕即处于未知状态，相关的管网性质、平面位置、高程、流向、尺寸、材质、埋深、附属构筑物、管道病害情况等信息也无法获取，排水管网的运行基本处于零控制的状态。在雨季，全国有六成以上的省市发生内涝灾害，威胁群众人身安全，造成经济损失。因此，要尽快实施地下排水系统的普查工作，查明排水系统的健康状况。相比于传统的下井检查，通过技术设备进行管道检测是一种非常不错的选择。

一、实验目的

(1)掌握 QV、声呐、内窥镜检测的工作原理。
(2)熟悉 QV、声呐、内窥镜设备的操作过程和适用范围。

二、实验原理

(一)QV 检测

管道潜望镜检测(pipe quick view inspection)是一种采用管道潜望镜在检查井内对管道进行检测的方法，叫作 QV 检测。QV 检测是管道内窥检测技术的一种，不单能够解决摄像距离满足不了管道长度以及上传速率太过缓慢，影像不能同步的问题，而且能够准确判断管道材质缺陷、腐蚀程度及具体位置，其检测结果可以作为管道健康状况的评估依据。QV 检测系统主要由三部分构成：主控器、安装摄像头的手提杆、用来连接主控器和手提杆的线缆。主控器可以用背带拴在操作员的胸前，操作员可以通过调控主控器来调节摄像头自由旋转、镜头拉伸，拍摄和观察同步进行，并将原始录像资料保存在主控器里，以供做进一步的分析。

管道潜望镜检测是目前国际上用于管道状况检测最为快速和有效的手段之一。该设备配备强力照明光源和便携式电源，非常适合野外和移动工作场所。采用录像的方式对管道内部的沉积、管道破损、异物穿入、渗漏、支管暗接等状态进行监测和拍摄，可以长距离清晰地看清并记录管道内部的一切状况，然后通过视频传到地面主控机里储存起来。

在实际的使用过程当中,可用管道潜望镜在检查井管口位置对管道进行内窥检测(图5-1)。适用管道DN100～DN2000,能够清晰地观察管道裂纹、堵塞等内部情况,照射深度最大可达100m,肩背包式控制器设计使操作携带非常方便。

图5-1 管道潜望镜

在使用管道潜望镜时,采用伸缩杆将摄像机送到被检测管井,对各种复杂的管道情况进行视频判断。工作人员对控制系统进行镜头焦距、照明控制等操作,可通过监视器观察管道内实际情况并进行录像,以确定管道内的破坏程度、病害情况等,最终出具管道的检测报告,作为管道验收、养护投资的依据(图5-2)。

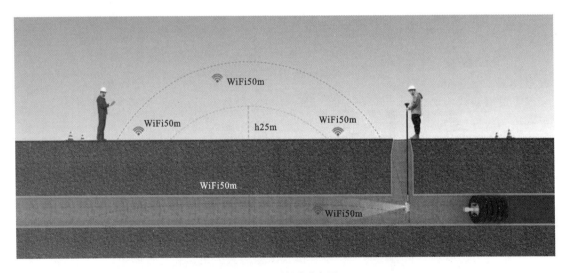

图5-2 检测示意图

(二)声呐检测

声呐为英语 sonar 的音译,是英语 sound navigation and ranging 的缩写,是利用声波对水下物体进行探测和定位识别的方法和所用设备的总称。

声呐检测系统包括主控制器(带有专用采集软件)、探头(又称水下单元,附带漂浮承载器)和线缆盘三部分(图 5-3)。声呐检测的工作原理:声呐装置主动向水中发射声波"照射"目标,而后接收水下物体的反射回波时间及回波参数,以测定目标参数。

图 5-3 声呐检测系统

在装置运行的过程中,以一个恰当的角度对管道内侧进行检测,声呐探头快速旋转,向外发射声呐信号,然后接收管壁或管中物发射的信号,经计算机处理后,形成管道的横断面图(图 5-4)。声呐检测是采用声波反射原理对管道变形、淤泥量化分析的检测技术,适用于管道内满水或水位较高,且不具备降水条件的环境。

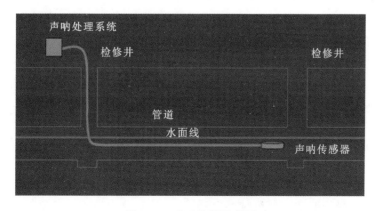

图 5-4 声呐检测示意图

声呐利用自身装置向水中发射声波,通过接收水下物体的反射回波发现目标,目标的距离可通过发射脉冲和回波到达的时间差进行测算;声呐检测系统在计算机及专用软件系统的支持下对接收的反射声波信号进行自动处理,以测定检测目标的各种参量,达到进行管道运行状况检测的目的。置于水中的声呐发生器令传感器产生响应,当扫描器在管道内移动时,可通过监视器来监视其位置与行进状态,测算管道的断面尺寸、形状,并测算破损、缺陷位置,对管道进行检测。

(三)管道内窥镜

推杆式管道内窥摄像系统由一体化主控制器、柔性推杆电缆盘、高精度耐用摄像头三部分组成。检测中可使用柔性推杆电缆将位于其前端的摄像头推送入管道内部,并集成 LED 照明灯,预览与录制管道内部影像,从而达到检测目的。推杆式管道内窥镜还可对排水管道和管网进行快速视频勘察验收、普查评估。

管道内窥镜适用于对住宅、小型商业场所、特种工厂以及市政工程管道内部进行勘察、检测,其适用范围还包括其他检测仪器无法进入的细长、狭小、弯转型管道。其操作简单、功能强大、适用范围广。

主控制器一体化设计,操作简单;大容量电源,储存设计;柔性推杆设计,狭窄复杂空间也能自由游走;摄像头坚固耐用,成像清晰,图像自动回正;配套管道检测视频判断读报告软件。

检测得到的管道全景图像是检测技术中的关键,通过管道全景展开图像能够方便、快捷、准确地对管道安全系数进行评估。为实现管道全景图像录制,可以在普通摄像机镜头前加装一个特别的镜面,形成类似的全景图像。这一方法往往会导致图像的径向畸变,而且图像的分辨率也不均匀。为此,人们开展了管道全景图像展开技术研究,也就是通过软件算法,增大视场。目前主要有以下 3 种方式。

(1)扇形法:首先将展开前的环形图像分成若干个扇形,分别进行图像校正,得到相应的矩形;然后,将这些矩形挨个拼接;最后,合成一幅全景图像。

(2)坐标变换法:首先将展开前的环形图像中的所有像素点对应到极坐标系中,然后转换到笛卡儿坐标系中。该方法具有速度快、效果好的特点,但是对不同的管道需要重新建立映射关系。

(3)映射法:首先通过相应的映射关系将展开前的环形图像中的像素点投影到柱面上,然后得到管道全景图像。

(四)管道破损评价

通过对管道检测录像资料进行解读分析,看管道内是否存在缺陷,并确定缺陷的类型、级别和数目。分析得到的录像资料时,可将管道的缺陷分为结构性缺陷和功能性缺陷。结构性缺陷指因管材质量、外部影响或人为因素等造成的缺陷,包含变形、错口、腐蚀、脱节、异物穿入、渗漏、破损、支管暗接、起伏、接口材料脱落等;功能性缺陷是指管道在运行的过程中,管道内部发生物理或者化学变化,外部物质进入管道造成的缺陷,包含障碍物、残墙、沉积、树根、结垢、浮渣等。两种缺陷又分别可分为1级至4级(表5-1)。

表5-1 缺陷分级

缺陷性质	等级			
	1级	2级	3级	4级
结构性缺陷	轻微缺陷	中等缺陷	严重缺陷	重大缺陷
功能性缺陷	轻微缺陷	中等缺陷	严重缺陷	重大缺陷

结构性缺陷分为4级:1级缺陷基本无影响,但是需要做一下记录;2级缺陷对管道的运行造成了阻碍,需要考虑修复;3级缺陷严重阻碍管道的正常通行,需要尽快修复;4级缺陷表明管道基本处于瘫痪状态,需要马上抢修,恢复到运行状态。

功能性缺陷分为4级:1级缺陷基本无影响;2级缺陷管道功能的发挥受到了一定的阻碍,需要进行局部维护;3级缺陷管道排水功能受到严重影响,需要尽快修复;4级缺陷表明管道基本堵塞,内部处于流动不了的状态,必须马上疏通,恢复到正常运行的状态。

(1)计算结构性缺陷参数 F。

结构性缺陷参数 F 按式(5-1)和式(5-2)计算:

$$当 S_{max} \geqslant S 时, F = S_{max} \tag{5-1}$$

$$当 S_{max} < S 时, F = S \tag{5-2}$$

式中:F 为管段结构性缺陷参数;S_{max} 为管段损坏状况参数,管段结构性缺陷中损坏最严重处的分值;S 为管段损坏状况参数,是按缺陷点数计算的平均分值。

$$\begin{cases} S = \dfrac{1}{n}\left(\sum_{i_1=1}^{n_1} P_{i_1} + \alpha \sum_{i_2=1}^{n_2} P_{i_2}\right) \\ S_{max} = \max\{P_i\} \\ n = n_1 + n_2 \end{cases} \tag{5-3}$$

式中:n 为管段的结构性缺陷数量;n_1 为纵向净距大于1.5m的缺陷数量;n_2 为纵向净距大于1.0m且不大于1.5m的缺陷数量;P_{i_1} 为纵向净距大于1.5m的缺陷分值;P_{i_2} 为纵向净距大于1.0m且不大于1.5m的缺陷分值;α 为结构性缺陷影响系数,与缺陷间距有关。当缺陷的纵向净距大于1.0m且不大于1.5m时,$\alpha=1.1$;$\{P_i\}$ 为包括 P_{i_1} 和 P_{i_2} 所有缺陷分值的集合。

在缺陷参数计算完成后,需要对管道缺陷分级,以便后续对管道施工修复,分级表如表5-2所示。

表 5-2 结构性缺陷分级表

等级	缺陷参数 F	损坏状况描述
1 级	$F \leqslant 1$	无或有轻微缺陷，结构状况基本不受影响
2 级	$1 < F \leqslant 3$	管段缺陷明显超过 1 级，具有变坏的趋势
3 级	$3 < F \leqslant 6$	管段缺陷严重，结构状况受到影响
4 级	$F > 6$	管段存在重大缺陷，损坏严重或即将导致破坏

(2)计算功能性缺陷参数 G。

功能性缺陷参数 G 按式(5-4)和式(5-5)计算：

$$当 Y_{max} \geqslant Y 时, G = Y_{max} \tag{5-4}$$

$$当 Y_{max} < Y 时, G = Y \tag{5-5}$$

式中：G 为管段功能性缺陷参数；Y_{max} 为管段运行状况参数，功能性缺陷中最严重处的分值；Y 为管段运行状况参数，按缺陷点数计算的功能性缺陷平均分值。

$$\begin{cases} Y = \dfrac{1}{m\beta}\left(\sum_{j_1=1}^{m_1} P_{j_1} + \beta \sum_{j_2=1}^{m_2} P_{j_2}\right) \\ Y_{max} = \max\{P_j\} \\ m = m_1 + m_2 \end{cases} \tag{5-6}$$

式中：m 为管段的功能性缺陷数量；m_1 为纵向净距大于 1.5m 的缺陷数量；m_2 为纵向净距大于 1.0m 且不大于 1.5m 的缺陷数量；P_{j_1} 为纵向净距大于 1.5m 的缺陷分值；P_{j_2} 为纵向净距大于 1.0m 且不大于 1.5m 的缺陷分值；β 为功能性缺陷影响系数，与缺陷间距有关；当缺陷的纵向净距大于 1.0m 且不大于 1.5m 时，$\beta = 1.1$；$\{P_j\}$ 为包括 P_{j_1} 和 P_{j_2} 所有缺陷分值的集合。

功能性缺陷分级表如表 5-3 所示。

表 5-3 功能性缺陷分级表

等级	缺陷参数 G	损坏状况描述
1 级	$G \leqslant 1$	无或有轻微影响，管道运行基本不受影响
2 级	$1 < G \leqslant 3$	管道过流有一定的受阻，运行受影响不大
3 级	$3 < G \leqslant 6$	管道过流受阻比较严重，运行受到明显影响
4 级	$G > 6$	管道过流受阻很严重，即将或已经导致运行瘫痪

三、仪器设备

(一)X1-H5 管道潜望镜

实验用 X1-H5 管道潜望镜(图 5-5)，适用管径在 DN300mm 以上，采用无线控制；测距得到的差值不超过0.001m,最大测距可达到80m。可以对300多种挥发性有机化合物气体进行反应,并对管道内综合性气体浓度值进行输出,检测范围在$0\sim500\times10^{-6}$,同时可以测量管道环境温度,具有30倍光学变倍,自动或手动调焦。X1-H5管道潜望镜主要用于工业容器或管道内部情况的快速检测、诊断。通过操作杆将自带光源的摄像探头放入管道或工业容器内部,能清晰地显示管道及容器内部结构性缺陷及功能性缺陷,可解决"无线深井传输""天线干扰"等难题。在检测过程中,可实时录制并保存被检测对象的内部影像,在录制过程中可快捷抓取、保存缺陷图像,或通过键盘录入文字信息,并将这些图像和文字信息叠加显示并保存在视频画面中。装置本身小巧轻便,采用内置高性能电池供电,安装简便,适合野外移动工作环境。

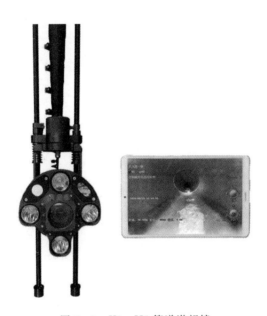

图5-5 X1-H5管道潜望镜

(二)X7-PC CCTV声呐一体机

X7-PC CCTV声呐一体机(图5-6)漂浮系统中的声呐能够对管道水面以下较多数据结构缺陷(如变形、塌陷、结垢、支管暗接等)和管道功能缺陷(如沉积、漂浮物)起到准确的检测效果,并可采用鼠标工具进行测量分析。CCVT视频检测对水面以上的管道情况进行检测,可快速抓取缺陷图像,检测完成后,可立即得到检测报告。结合PipeSonar软件和PipeSight软件进行管道检测数据的成像显示、编辑分析、三维建模和报告输出,输出内容包括管道的结构性缺陷、沉积纵断面图、淤积量计算等。该设备的工作温度为0~40℃,声学频率为1MHz,可工作的最大管径为6000mm。

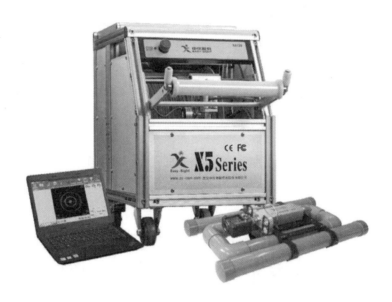

图 5-6　X7-PC CCTV 声呐一体机

(三)X3-M50 管道内窥镜

X3-M50 管道内窥镜由一体化主控制器、柔性推杆电缆盘、精度耐用摄像头三部分组成(图 5-7),可以使用柔性推杆电缆盘将位于其前端的摄像头推送入管道内部,对管道内部影像预览和录制,从而达到检测目的。

图 5-7　X3-M50 管道内窥镜

使用 X3-M50 管道内窥镜对排水管道或管网进行快速视频勘查验收、普查评估,并通过相应软件对检测视频进行判读分析,生成符合多种评估标准的检测报告和直观的电子地图。该设备可在-10~50℃温度范围内工作,设备整体不重,便于携带,适用管径范围为 50~400mm。

(四)PVC 管道

对于实验中的管道检测,可用不同尺寸的 PVC 管。采用的 PVC 管内径为 100mm、300mm 和 500mm,长度都为 10m。其中已经对管道进行了预破坏处理和内部充填淤泥等。

四、实验步骤

(一)实验准备

(1)预备 3 种管道情景:长直管道、充水管道、细弯管道。
(2)熟悉 3 种检测设备(潜望镜、声呐、内窥镜)的操作,并检查校正。
(3)讨论各设备适用情景。

(二)实验操作

(1)根据分配的破损管道情景,选择检测设备。
(2)根据检测设备操作要求,合作进行检测作业。
(3)确定管道破损方位及大小,评估破损程度。
(4)填写管道检测报告表。
(5)讨论该管道的修复方法。

五、检测试验报告

通过操作检测设备,完成管道检测试验报告表(表 5-4)。

表 5-4 管道检测试验报告表

管道编号	1	2	3
管道材质			
管道规格(外径/mm×壁厚/mm)			
管道情况说明			
缺陷中心距管口距离/mm			
缺陷圆周方位角/(°)			
缺陷尺寸/mm			
缺陷情况说明			

六、思考题

(1)各种材质的管道损坏有哪些表现？功能影响有哪些？
(2)管道检测信号有哪些？影响信号传输的因素有哪些？
(3)举例说明检测精度对管道检测的影响。
(4)思考声光电等管道检测的方法原理及适用范围。

主要参考文献

冯海霞,2014.CIPP 紫外线固化修复技术用于污水管道的修复[J].中国给水排水,30(16):136-138.

孙大雷,林荣,吕爱华,2020.紫外光固化技术在管道修复工程中的应用[J].工程技术研究,5(1):93-94.

向维刚,马保松,赵雅宏.给排水管道非开挖 CIPP 修复技术研究综述[J].中国给水排水,36(20):1-9.

谢正威,王筱菊,张玉龙,等,2020.紫外线固化 CIPP 技术在雨水管道改造中的应用[J].人民黄河,42(S1):79-81.

曾聪,马保松,2015.水平定向钻理论与技术[M].武汉:中国地质大学出版社.

张洪彬,安关峰,刘添俊,等,2015.紫外线光固化 CIPP 技术在排水管道修复中的应用[J].给水排水,51(2):103-106.

朱文鉴,乌效鸣,李山,2016.水平定向钻进技术规程[M].北京:中国建筑工业出版社.